Sitzungsberichte
der Akademie der Wissenschaften
der DDR
Mathematik – Naturwissenschaften – Technik

7 N

1987

Hermann Klare

# Dem Gedenken Michail Wassiljewitsch Lomonossows

Siegfried Nowak

# Forschungsergebnisse aus dem Zentralinstitut für Organische Chemie

AKADEMIE-VERLAG BERLIN

Sitzungsberichte
der Akademie der Wissenschaften
der DDR
Mathematik – Naturwissenschaften – Technik

Jahrgang 1987 · Nr. 7/N

**Hermann Klare**

# Dem Gedenken Michail Wassiljewitsch Lomonossows

**Siegfried Nowak**

# Forschungsergebnisse aus dem Zentralinstitut für Organische Chemie

AKADEMIE-VERLAG BERLIN
1988

Würdigung von Leben und Werk Lomonossows durch Hermann Klare, Ordentliches Mitglied der Akademie der Wissenschaften der DDR, in der Sitzung des Plenums am 13. 11. 1986 sowie Vortrag zum 15jährigen Bestehen des Zentralinstituts für Organische Chemie von Siegfried Nowak, Ordentliches Mitglied der Akademie der Wissenschaften der DDR, im Festkolloquium des Instituts und der Klasse Chemie am 12. 12. 1986

Herausgegeben im Auftrage
des Präsidenten der Akademie
der Wissenschaften der DDR
von Vizepräsident Prof. Dr. Heinz Stiller

ISBN 3-05-500 386-1
ISSN 0138-3965
Erschienen im Akademie-Verlag Berlin, Leipziger Str. 3-4, Berlin, DDR-1086

Lizenznummer: 202 · 100/358/88
Printed in the German Democratic Republic
Gesamtherstellung: VEB Druckhaus Köthen
LSV 1275
Bestellnummer:: 763 837 8 (2010/87/7/N)
00400

## Inhalt

Hermann Klare

# Dem Gedenken Michail Wassiljewitsch Lomonossows

Leonard Euler schrieb etwa Mitte des 18. Jahrhunderts in einem Brief (das genaue Datum ist mir leider nicht bekannt) an die Kanzlei der Petersburger Akademie: „Alle diese Abhandlungen sind nicht nur gut, sondern ganz ausgezeichnet; denn er erklärt die allernotwendigsten und schwierigsten physikalischen und chemischen Materien, die vollkommen unbekannt waren und welche die scharfsinnigsten Gelehrten nicht so gründlich erläutern konnten, so daß ich vollkommen von der Genauigkeit seiner Beweise überzeugt bin. Bei dieser Gelegenheit muß ich der Wahrheit die Ehre geben und sagen, daß Herr Lomonossow die glücklichste Fähigkeit besitzt, physikalische und chemische Erscheinungen zu erklären. Es wäre zu wünschen, das alle übrigen Akademien in der Lage wären, eben solche Erfindungen aufzuweisen, wie sie Herr Lomonossow gezeigt hat."

Eulers uneingeschränkte Anerkennung der wissenschaftlichen Leistungen Lomonossows ist nur eines von zahlreichen bewundernden Urteilen, die er im Briefwechsel mit seinem Kollegen verlauten läßt und die ebenso bei vielen anderen Zeitgenossen Lomonossows zu finden sind.

Ich muß jetzt zu meiner Schande gestehen, daß ich, wenn meine Erinnerung mich nicht trügt, von der Existenz Lomonossows erst nach 1945 gehört habe. Ich habe mir daraufhin noch einmal meine alten chemischen und physikalischen Lehrbücher aus den 20er und 30er Jahren durchgesehen und nirgendwo wurde Lomonossow auch nur erwähnt und unter den neuen Lehrbüchern – die sowjetischen ausgenommen – findet man seinen Namen, soweit ich recherchierte, lediglich bei Linus Pauling.

Ich muß also R. Willstätter recht geben, der in seinen Lebenserinnerungen schreibt: „Ich halte Lehre und Studium der historischen Entwicklung der Wissenschaft für unentbehrlich ... Unsere Lehrbücher versagen darin."

Ich möchte meine Bildungslücke damit keineswegs entschuldigen; aber ich vermute, es ist vielen Chemikern und Physikern meines Jahrganges ähnlich ergangen, wenn sie nicht z. B. den Band Nr. 178 von Ostwalds Klassikern der exakten Wissenschaften aus dem Jahre 1910 in die Hände bekamen, der sich mit den physikalisch-chemischen Abhandlungen Lomonossows befaßt.

M. Lomonossow wurde am 19. 11. 1711 im Dorf Mischaninskaja, Gouvernement Archangelsk, in der Nähe der Stadt Cholmogory geboren. Diese Weißmeer-Region des nördlichen Rußlands, seinerzeit auch Pomorje (Seeküstenland) genannt, war für die damalige Zeit in wirtschaftlicher und kultureller Hinsicht relativ hoch entwickelt: Eisenerz, Kupfer und Silber wurden gewonnen und Gewerbe zur Verarbeitung von Salz, Glimmer und Holz waren verbreitet. Peter I. soll vom Reichtum und der Kultur dieser Weißmeer-Region, in der Lomonossow aufwuchs, beeindruckt gewesen sein. Vor der Gründung Petersburgs 1703 war Archangelsk übrigens die einzige Hafenstadt, die Rußland mit den westlichen Märkten verband. Zweifellos haben auch diese Landschaft und seine Menschen das Verhalten und den Charakter Lomonossows geprägt, z. B. seine Beharrlichkeit und seine Ausdauer.

Bereits der junge Lomonossow mußte gemessen an seinem Alter hart arbeiten; mit 10 Jahren half er seinem Vater und mit Beginn des Frühlings fuhren Vater und Sohn zum Fischfang aufs Weiße Meer. Fast 9 Jahre teilte der Sohn diesen gefährlichen und schweren Beruf des Vaters; sie unternahmen weite Fahrten auf dem Nordpolarmeer bis Spitzbergen und Nowaja Semlja, und der Junge machte sich während dieser Fahrten mit dem Wissen und Kenntnissen der Seeleute und Fischer vertraut.

Der Küster der Dorfkirche lehrte den Jungen lesen und schreiben. Er lernte schnell, da er ausgesprochen begabt war und auch über ein vortreffliches Gedächtnis verfügte. Schon bald galt der Knabe in der Gemeindekirche als der beste Vorleser des Dorfes, wenn er die „Lebensbeschreibungen der Heiligen" und die Psalmen vortrug. Ende 1730 verließ Lomonossow mit 19 Jahren das Elternhaus und begab sich nach Moskau; er wollte unter allen Umständen studieren, und er wußte, daß er das nur in drei Städten Rußlands tun konnte, in Moskau, Kiew oder Petersburg. Er entschied sich für Moskau, die *alte* Hauptstadt, nachdem Petersburg ab 1712 neue Residenz geworden war.

Ende 1730 erfährt Lomonossow, daß sich die nächste Wagenkolonne mit Fischen am 9. 12. nach Moskau begeben wird, und nachdem er sich vom Nachbarn Geld geborgt hat, verläßt er für immer sein Elternhaus. Anfang Januar treffen die Schlitten, und mit ihnen Lomonossow, in Moskau ein. Die Trennung vom Elternhaus führte offensichtlich zu erheblichen Auseinandersetzungen mit dem Vater, dem die Pläne seines Sohnes keineswegs gefielen. Etwa 23 Jahre später berichtet Lomonossow selbst in einem Brief an das Ehrenmitglied der Petersburger Akademie, I. I. Schuwalow, über diesen Konflikt mit seinem Vater und über seine ersten Jahre in Moskau:

„Als ich in der Spasski-Schule lernte (1731–1735, Slawisch-Griechisch-Lateinische Akademie in Moskau) drangen auf mich von allen Seiten übermächtige Anfechtungen ein, die mich von den Wissenschaften abzulenken trachteten und in den damaligen Jahren eine fast unwiderstehliche Kraft besaßen. Auf der einen Seite sagte der Vater, der außer mir keine Kinder hatte, daß ich als sein einziger Sohn ihn verlassen und all den Wohlstand (nach den damaligen Verhältnissen) aufgegeben habe, welchen er für mich im Schweiße seines Angesichts erworben hatte und den sich nach seinem Tode fremde Menschen aneignen würden. Auf der anderen Seite stand unsägliche Armut: bei einem Stipendium von 3 Kopeken/Tag fiel für meine Ernährung täglich nicht mehr als eine halbe Kopeke für Brot und eine halbe Kopeke für Kwaß ab, das übrige ging für Papier, Schuhe und die sonstigen Bedürfnisse drauf. So lebte ich fünf Jahre lang und gab die Wissenschaften nicht auf. Auf der einen Seite schrieb man mir, daß vortreffliche Leute von dort, welche die Wohlhabenheit meines Vaters kannten, mir ihre Töchter zur Frau geben würden, die sie mir auch schon während meines dortigen Aufenthaltes angeboten hatten; auf der anderen Seite schrien die Schulkinder und kleinen Gören, indem sie dabei mit den Fingern auf mich wiesen: ‚Seht doch, was für ein Dummkopf da gekommen ist, noch mit zwanzig Jahren Latein zu lernen!'" Diese 5 Schuljahre waren für Lomonossow eine sehr harte Zeit, denn wir müssen uns vergegenwärtigen, daß er mit etwa 20 Jahren in die unterste Klasse einer 8-Klassenschule aufgenommen wurde; und wie grausam eine Horde kleiner Kinder sein können, ist ja hinreichend bekannt. Es wird berichtet, daß Lomonossow mit ungewöhnlichem Fleiß und erstaunlicher Zielstrebigkeit diese Zeit genutzt und durchgestanden hat, um Latein, Griechisch, Arithmetik, Geographie und Geschichte zu lernen und sich mit der antiken Literatur, der russischen Dichtung und den Grundlagen der Rhetorik vertraut zu machen. Während seine Klassengenossen spielten, saß dieser Zögling in der Klosterbibliothek und vervollkommnete sein Wissen. Etwa 1734 ging Lomonossow nach Kiew an die älteste Lehranstalt Rußlands, die Mogila-Akademie, weil er hoffte, dort seine Kenntnisse in Philosophie, Physik und Mathematik erweitern zu können. Der Unterricht in Moskau befriedigte den jungen, angehenden Wissenschaftler nicht, da die Naturkunde nach religiös-scholastischen Lehrmeinungen betrieben wurde; er wollte zeitgenössische, von Metaphysik freie Naturwissenschaften lernen. Seine Hoffnungen auf Kiew wurden jedoch enttäuscht, es war gar nichts anders als in Moskau. Da erreichte ihn 1735 die Nachricht, daß er als besonders befähigter Schüler auserwählt sei, zur weiteren Ausbildung an die Kaiserliche Akademie der Wissenschaften nach Petersburg, der höchsten wissenschaftlichen Anstalt des Landes, zu kommen. Den Plänen Peters I. entsprechend befaßte sich die Akademie nicht nur mit wissenschaftlichen Forschungen, sie war zugleich ein Zentrum für die Ausbildung junger Wissenschaftler; ihr unterstanden ein Gymnasium und die Universität. Ich darf Sie in diesem Zusammenhang übrigens an die der Sibirischen Abteilung der Akademie der Wissenschaften der UdSSR angeschlossene Oberschule erinnern, in der – unter modernen Gesichtspunkten – Akad. Lawrentjew an diese Tradition aus dem 18. Jahrhundert anknüpfte. Nachdem Lomonossow acht Monate in der Petersburger Akademie gearbeitet hatte, wurde er mit 2 anderen Studienkollegen vom damaligen Präsidenten der Akademie, Johann Albrecht Korf, zunächst zu Christian Wolff an die Universität Marburg und dann zu Johann Friedrich Henkel an die Bergakademie Freiberg – heute würden wir sagen – delegiert, um sein Wissen und seine Kenntnisse in Philosophie, Chemie, Mechanik, theoretischer Physik, Hüttenkunde und Bergbauwesen usw. zu vervollkommnen und das Neueste auf diesen Gebieten zu lernen. Ich muß in diesem Kreise über Christian Wolff, dessen Namen damals das ganze gebildete Europa kannte, wohl nichts weiter sagen.

J. F. Henkel war ein bedeutender Mineraloge und Kenner der Hüttenkunde und des Bergbaus; von 1739–1741 studierte Lomonossow bei ihm und anderen Professoren in Freiberg. Henkel war Mitglied unserer Akademie und der Leopoldina. Der sehr fortschrittlich eingestellte Christian Wolff, Ehrenmitglied der Petersburger Akademie, wurde verständlicherweise auf Grund seiner heftigen Auseinandersetzungen mit Friedrich Wilhelm I. von Preußen, der ihn unter Androhung des Galgens binnen 48 Std. aus Halle verjagen ließ, von der Berliner Akademie nicht zugewählt.

Ich möchte noch ergänzend bemerken, daß Lomonossow in Marburg Elisabeth Christine Zielch heiratete, die Tochter einer Bierbrauerswitwe, in deren Hause er während seiner Marburger Zeit logierte.

1741 kehrte Lomonossow nach fünfjährigem Aufenthalt in Deutschland an die Petersburger Akademie zurück und begann mit seiner äußerst vielseitigen und fruchtbaren wissenschaftlichen Forschung. Nebenbei bemerkt: die Petersburger Akademie hatte eine recht strenge Art und Weise, die Betätigung ihrer Studenten zu kontrollieren; sie verlangte ausführliche wissenschaftliche und finanzielle Rechenschaftsberichte, denen Lomonossow jeweils Dissertationen beifügte, die seine Studienfortschritte und Forschungen belegten.

Der 30jährige, von neuen fortschrittlichen wissenschaftlichen Ideen und Auffassungen erfüllte Lomonossow, noch dazu von temperamentvollem Wesen, wurde keineswegs mit offenen Armen in Petersburg aufgenommen. Er geriet schon bald mit der Zarenregierung, mit Priestern und mit Leuten, die völlig veraltete, religiös-metaphysische Ansichten vertraten und die der Akademie angehörten, in Auseinandersetzungen.

Lomonossow war ein enzyklopädisch gebildeter Naturforscher geworden, ein Denker, der auf den verschiedensten Gebieten der Wissenschaften neue Wege gehen wollte: in der Physik und Chemie, in der Astronomie und Mechanik, in der Geologie und Geographie, in der Philosophie und Linguistik. Lomonossow vertrat die in der zweiten Hälfte des 18. Jahrhundert sich entwickelnde fortschrittliche Richtung der Naturwissenschaft, die neben ihm von Euler, Kant, Laplace, C. F. Wolff und anderen Gelehrten repräsentiert wurde, und die im Gegensatz zu der vorherrschenden grobmetaphysischen Weise die Natur *nicht* für unveränderlich hielten. Er entwickelte sich immer mehr zum Universalgelehrten, vergleichbar etwa mit Leibniz, und er war auch wohl einer der letzten in seinem Jahrhundert. In Übereinstimmung mit seinen materialistischen Ansichten von der Natur und ihrer Erforschung findet sich in allen seinen Werken der Gedanke, daß die Erkenntnis der Welt und aller ihrer Erscheinungen möglich ist. Er mußte infolgedessen zwangsläufig mit der in Rußland noch vorherrschenden religiös-idealistischen Ideologie in Konflikte geraten, die in der Tat fast sein ganzes Leben lang nicht aufhörten. Als er nach Petersburg zurückkam, galt er zunächst noch weiter als Student, und erst 1742 wurde er zum Adjunkten der physikalischen Klasse ernannt, obwohl er seinem Wissen entsprechend Anspruch auf das Amt eines Professors gehabt hätte. Lomonossow wählte die Chemie als Hauptfach, und da er dazu eine experimentelle Basis benötigte, erarbeitete er 1742 einen Entwurf zur Errichtung eines chemischen Labors und reichte ihn der Akademie ein. Nachdem Lomonossow 1745 endlich der Professorentitel verliehen worden war, wurde auf sein ständiges Drängen hin – indem er eindringlich auf die Wichtigkeit und den Nutzen chemischer Forschung hinwies – der Bau seines Laboratoriums in Angriff genommen, das 1747 fertiggestellt war.

Vorher hatte Lomonossow jedoch noch erhebliches persönliches Ungemach zu erdulden. Ende 1741 hatte sich ein Teil der Wissenschaftler der Akademie und im Lande gegen den Konservatismus gewandt, der sich in der Akademie breit gemacht hatte. Seine lebende Verkörperung war der Leiter der Akademiekanzlei, Magister Johann Daniel Schumacher, ein Elsässer, der seit 1728 der Kanzlei vorstand. Eine diesbezügliche Beschwerde der gegen die konservative Richtung protestierenden Professoren beim Senat in Petersburg führte zur Entsendung einer Untersuchungskommission, die sehr bald den bei Hofe einflußreichen Daniel Schumacher unterstützte. Da auch Lomonossow seinem im Laufe der Zeit angesammelten Ärger gegen die reaktionären Professoren in einer Akademiesitzung Luft machte, wurde er auf Anordnung der Kommission verhaftet und bei halben Gehalt unter Hausarrest gestellt, der erst Mitte 1744 ausgesetzt wurde. Er erhielt aber noch ein weiteres halbes Jahr nur das halbe Gehalt ausbezahlt und das meist mit drei- oder mehrmonatiger Verspätung, ein Übel, unter dem er auch bereits infolge Unregelmäßigkeiten in der Kanzlei als Student in Deutschland zu leiden hatte. Als Folge dieser materiellen und entwürdigenden Belastungen konnte er seine Frau erst 1744 nach Petersburg nachkommen lassen. Zu seiner vollständigen Rehabilitierung wurde er auch noch gezwungen, sich bei den Wissenschaftlern, mit denen er sich zerstritten hatte, zu entschuldigen, eine Tatsache, die seinen Stolz tief verletzen mußte.

Trotz dieser unverdienten moralischen Erniedrigung und seiner finanziellen Schwierigkeiten war er wissenschaftlich sehr erfolgreich und intensiv tätig. In diesen Jahren entstanden die Grundlagen seiner großartigen chemischen und physikalisch-chemischen Forschungen und Erkenntnisse, von denen eine Vorwegnahme der Avogadroschen Molekularhypothese und die Entdeckung des Gesetzes von der Erhaltung der Masse und der Bewegung wohl die bedeutendsten waren. Lomonossow bezeichnete seinerzeit die Atome in einer Weiterentwicklung der antiken Atomistik als „Elemente" und Moleküle als „Korpuskeln", über die er sich wie folgt äußerte: „Ein Korpuskel ist eine Vereinigung von Elementen zu einer unbeträchtlichen Masse ... Die Korpuskeln sind gleichartig, wenn sie aus der gleichen Anzahl ein und derselben, in gleicher Weise verbundenen Elemente bestehen ... Die Korpuskeln sind ungleichartig, wenn ihre Elemente verschieden sind und auf verschiedene Weise oder in verschiedener Anzahl verbunden sind, hiervon hängt die unendliche Mannigfaltigkeit der Körper ab." Lomonossow ging in dieser Frage also weiter als Avogadros Zeitgenosse Dalton, der 70 Jahre später noch die Molekularhypothese ablehnte.

Das universelle Gesetz von der Erhaltung der Masse (bzw. der Materie, wie Lomonossow sich ausdrückte) und der Bewegung formulierte Lomonossow erstmalig 1748 in einem Brief an Euler. Nachdem er mit Hilfe der Waage i. J. 1755 experimentell nachgewiesen hatte, daß die Gesamtmasse (Gewicht) der Stoffe, die an einer chemischen Reaktion teilnehmen, erhalten bleibt, veröffentlichte er seine Entdeckung 1760 in einer Schrift „Abhandlungen über die Festigkeit und Flüssigkeit der Körper", in der u. a. zu lesen ist: „Alle Veränderungen, die in der Natur geschehen, sind derart, daß ebensoviel, wie von einem Körper abgeht, bei einem anderen hinzukommt, so daß, wenn sich irgendwo etwas Materie vermindert, sie an anderer Stelle zunimmt ... Dieses allgemeine Naturgesetz erstreckt sich selbst auf die Regeln der Bewegung; denn ein Körper, der durch seine Kraft einen anderen bewegt, teilt dem anderen, der von ihm Bewegung empfängt, genausoviel Kraft mit, wie er selbst verliert."

Von ebenso großer Bedeutung war zweifellos seine Begründung der physikalischen Chemie, die er als Anwendung der Physik auf die Chemie als eine Art theoretischer Chemie auffaßte. Lomonossow verfaßte 1752 einen „Lehrkursus der wahren physikalischen Chemie", eine leider nicht abgeschlossene Arbeit, welche die Einführung zu einem von ihm beabsichtigten Werk über die physikalische Chemie darstellte. In dem Lehrkursus waren zum ersten Mal in der Geschichte der Chemie praktische Laborübungen von Chemiestudenten vorgesehen. Im § 1 seines „Lehrkursusses" erklärte Lomonossow: „Die physikalische Chemie ist eine Wissenschaft, die auf Grund von Lehrsätzen und physikalischen Versuchen erklärt, was in gemischten Körpern (= Verbindungen) bei chemischen Operationen vor sich geht. Sie kann auch als chemische Philosophie bezeichnet werden, jedoch in einem ganz anderen Sinne als jene mystische Philosophie, in der nicht nur Erklärungen geheimgehalten, sondern auch die Operationen selbst auf geheimnisvolle Art und Weise vorgenommen werden." Lomonossow hat zum mindestens etwa 150 Jahre früher als W. Ostwald die physikalische Chemie als Wissenschaft antizipiert, und ich meine, wenn man von W. Ostwald als dem Schöpfer der physikalischen Chemie spricht, sollte man niemals vergessen, wenigstens an Lomonossow zu erinnern.

Lomonossow forderte leidenschaftlich, daß in der Chemie und in der Physik ausgiebig von theoretischen Darstellungen Gebrauch gemacht werden müsse, und er betonte, daß ein enger Zusammenhang mit der Praxis unerläßlich sei. Er schrieb: „Der wahre Chemiker muß Theoretiker und Praktiker sein" und an anderer Stelle „Soll z. B. der Chemiker dazu verurteilt sein, in der einen Hand ewig die Zange, in der anderen den Tiegel zu halten und sich nicht für einen Augenblick von Kohle und Asche abwenden dürfen?" Es liegt nahe, hier an die „Theoriam cum praxi" Leibnizens zu erinnern.

Lomonossow entwickelte entgegen der im 18. Jahrhundert vorherrschenden Lehre vom „Wärmestoff" (ich erinnere an die Phlogiston-Theorie) den Gedanken von der mechanischen Natur der Wärme und im Zusammenhang damit eine – wie wir heute sagen würden – molekularkinetische Vorstellung von den Gasen. In den „Betrachtungen über die Ursache der Wärme und Kälte" (1749) zeigte er, daß „die Wärme der Körper auf ihrer inneren Bewegung beruht", auf die Bewegung „nicht wahrnehmbarer Teilchen" zurückzuführen ist. Vom gleichen molekularkinetischen Standpunkt aus erklärte Lomonossow auch die Erscheinungen der Verdampfung, die als Folge einer Loslösung von Partikeln aus der Oberfläche einer Flüssigkeit auftritt.

Diese und andere Arbeiten Lomonossows wurden nicht nur in Rußland, sondern auch in der wissenschaftlichen Welt Europas stark beachtet, insbesondere Euler unterstützte diese für die damalige Zeit aufregenden Ergebnisse vorbehaltlos. Aber andere Zeitgenossen Lomonossows verstanden seine Darlegungen und Erkenntnisse nicht; seine Schlußfolgerungen stießen auch im eigenen Hause bei den Akademiemitgliedern auf Ablehnung, und seine kinetische Wärmetheorie wurde in Westeuropa kritisiert. Fast ohne Unterbrechung hatte Lomonossow bis zu seinem Tode mit allen möglichen gegen ihn und seine Arbeiten gerichteten reaktionären Querelen in der Petersburger Akademie zu kämpfen.

Trotzdem konnte die außerordentliche Tüchtigkeit und Genialität dieses Mannes nicht einfach übersehen werden, zumal er auch ausgesprochen organisatorisches Talent besaß. So erhält er eine Reihe administrativer Ämter in der Akademie. 1757 wurde er Berater der Kanzlei, übernahm ein Jahr später die Leitung des geographischen Departements und etwas später wurde ihm die Aufsicht über das akademische Gymnasium und die Universität übertragen. Ob das alles ganz uneigennützig auf Grund der Leistungen Lomonossows geschah, möchte ich dahingestellt sein lassen; denn 1757 war er gezwungen, sein Laboratorium und dessen Leitung an Professor Salchow zu übergeben, der von der Akademie aus Deutschland sozusagen als Gastprofessor eingeladen worden war. Seine besondere Liebe gehörte nach wie vor der Chemie und Physik und er wird – trotz seiner zahlreichen anderen Interessen – die Leitung des von ihm eingerichteten Labors nicht leichten Herzens abgegeben haben.

Meine Damen und Herren, ich habe meiner beruflichen Neigung folgend – neben den äußeren Umständen der Jugend, der Ausbildung und des Lebens – bisher im wesentlichen über den Chemiker und Physiker Lomonossow gesprochen und habe Ihnen damit einen *wichtigen* aber doch nur einen relativ *kleinen* Teil seiner wissenschaftlichen Leistungen vorgetragen. Alles, was er vollbrachte, auch nur einigermaßen vollständig zu skizzieren, würde unsere heutige Veranstaltung sprengen. Ich muß mich daher beim Rest meiner Ausführungen mehr oder weniger auf Aufzählungen der übrigen vielseitigen wissenschaftlichen Leistungen dieses seine gelehrten Zeitgenossen in Rußland überragenden Mannes beschränken.

1751 hielt Lomonossow in der öffentlichen Versammlung der Petersburger Akademie, im Zenit seines wissenschaftlichen Schaffens stehend, seine „Rede über den Nutzen der Chemie", in der er seine Gedanken über die Verbindung von wissenschaftlicher Theorie mit praktischer Tätigkeit ausführlich darlegte. Diese Rede ist überdies ein glänzendes Beispiel für das rhetorische Talent Lomonossows; eine kleine Probe seiner Ausführungen möge das belegen: „Weit, meine Hörer, streckt die Chemie ihre Arme in das menschliche Leben ... Seit Anbeginn der Welt haben Hitze und Kälte den Menschen dazu gezwungen, seinen Körper zu bedecken; zunächst verwandte er Blätter und Häute, dann kam er darauf, sich aus Wolle und anderen weichen Materien Kleidung zu verfertigen; obgleich diese zum Schutze des Körpers vollauf genügte, langweilte sie durch den eintönigen Anblick das menschliche Gemüt, und die unbeständige Laune verlangte Abwechslung. Man verachtete die einfache weiße Farbe, beneidete die Buntheit der Felder und suchte eine ähnliche Pracht bei der Bekleidung des Körpers. Da bemühte sich die Chemie, den Wunsch der Menschen zu erfüllen; sie preßte aus Kräutern und Blumen den Saft heraus, kochte Wurzeln aus, löste Mineralien auf, vereinigte sie auf verschiedene Weise miteinander und schmückte uns derart, daß es des Beweises meiner Worte gar nicht bedarf, denn Sie haben es immer klar vor Augen." Soweit L. über natürliche Farbstoffe und Farben.

Wir würden den für diese Laudatio wahrhaft unbeschreiblich großen Interessenbereichen L.s keinesfalls gerecht, wenn ich mich allein – wie bereits gesagt – auf den Chemiker und Physiker beschränken wollte. Aber eben in Anbetracht des Umfangs der von L. bearbeiteten Wissensgebiete muß ich Sie leider bitten, mit einer – wohlgemerkt auch noch unvollständigen – Aufzählung seiner übrigen Werke vorlieb zu nehmen. L. beschäftigte sich – wie eben gesagt – nicht nur mit naturwissenschaftlichen

Forschungen, sondern er fing in den 50er Jahren des 18. Jahrhunderts an, eine russische Geschichte zu schreiben, die leider nicht vollendet wurde und deren erster Band erst nach seinem Tode unter dem Titel „Alte russische Geschichte" erschien. Historische Sujets fanden immer schon seine uneingeschränkte Zuneigung. Daneben befaßte L. sich mit Linguistik und Rhetorik: „Zu Nutz und Frommen der Liebhaber der Beredsamkeit", wie es in der Überschrift seines Leitfadens heißt, ein, wie mir scheint, zeitlos lobenswertes Unterfangen, das uns Heutige noch ein bißchen zum Nachdenken veranlassen möchte (wenn Laudationes nicht nur ein reiner Höflichkeitsakt bleiben wollen), ob und wie wir es denn mit der Rhetorik und Beredsamkeit halten, und wie wir sie lehren; denn wohl jeder von uns hat – um L.s Gedanken aufzugreifen – immer einmal wieder Reden anhören müssen, die, uns weder „zu Nutz noch Frommen" gereichten.

Nach Meinung russischer Historiker ist auch die Entwicklung der russischen Literatursprache ohne die grundlegenden Werke von L. wie z. B. „Versbau und Stil der russischen Sprache" und ohne seine russische Grammatik, kaum vorstellbar, wobei man wissen muß, daß L. selbst zahlreiche poetische Werke, Oden, Tragödien und Gedichte schrieb. Ich wiederhole es noch einmal, die Vielseitigkeit, die Universalität seines Genius (und auf L. paßt dieser Begriff nun wirklich) und seines Schaffens sprengt einfach jeden Versuch, diesem unvergleichlichen Mann in einer kurzen Laudatio gerecht zu werden.

Kehren wir aber noch einmal zur Naturwissenschaft zurück. Lomonossow schrieb und ergründete „die von der Elektrizität herrührenden Lufterscheinungen" und „den Ursprung des Lichts (und) eine neue Theorie über die Farben", in denen er wieder mit alten, metaphysischen und scholastischen Anschauungen wie „Lichtstoff" oder „Wärmestoff" gründlich aufräumte und Theorien entwickelte, die zum mindesten *heute* gültiges physikalisches und metereologisches Wissen ahnen und erkennen ließen. Damit nicht genug hat Lomonossow für seine Zeit bedeutende astrophysikalische und geographische Untersuchungen angestellt; so entdeckte er u. a. die Atmosphäre der Venus, befaßte sich mit Problemen der Schiffahrt und Schiffahrtswege, entwickelte und baute dafür nautische Instrumente und unterbreitete sogar einen Entwurf für ein internationales Forschungszentrum – einer „Schiffahrtakademie". Seinem Studium in Freiberg entsprechend war in seinen Überlegungen und Experimenten auch die Geologie, der Bergbau und die Mineralogie keineswegs eine quantité mégligeable, sie war neben Chemie und Physik nach seinen eigenen Worten, „sein Hauptwerk." Und um noch einmal auf den Künstler Lomonossow zurückzukommen, er machte die zu seiner Zeit verlorengegangene Kunst der Anfertigung von Mosaikbildern wieder lebendig, indem er nicht nur in seinem Labor Guß- und Schleifverfahren für Mosaikglas entwickelte, sondern auch neue und gute Rezepte für Klebstoffe fand, um die Mosaikgläser auf Kupferplatten zu befestigen. Von ihm und aus seiner Werkstatt stammen diesen wissenschaftlichen Bemühungen entsprechend auch wundervolle Mosaikporträts, die ihm die Ehrenmitgliedschaft der Akademie der Künste in Petersburg eintrugen.

Der „Materialist" Lomonossow, so dürfen wir wohl etwas vereinfachend sagen, machte sich bei seinen Kollegen nicht gerade beliebt, da er ihr ganzes bürokratisches und konservatives System über den Haufen zu werfen drohte. Obwohl ihn die Schwedische Akademie ebenfalls zum Ehrenmitglied, die Akademie von Bologna zum Mitglied wählte, blieb seine Stellung an der Petersburger Akademie kompliziert. Zu seiner Beliebtheit trug auch nicht gerade bei, daß er eine „Denkschrift über die Notwendigkeit einer Reform der Akademie der Wissenschaften" (1758–1759) verfaßte, in der sich Sätze finden, wie folgender: „Es gibt zwei Hauptursachen für den Zustand der Akademie. Die erste ist, daß sich Leute mit geringer Bildung um die Leitung des akademischen Korpus bewerben und die Stelle auch erhalten; die zweite ist das feindselige Verhalten gegenüber russischen Studierenden, was den Unterricht, den Unterhalt und die Beförderung betrifft. Diese Ursachen haben den Zustand der Akademie nicht nur vor dem neuen Statut (1747, Reglement von G. N. Teplow, Kanzleirat der AdW), sondern auch nach seiner Einführung erheblich verschlechtert." Da er mit dieser und anderen recht herben Kritiken in seiner Denkschrift (die aber *auch* ein Kapitel mit Vorschlägen „Über die Verbesserung der AdW" enthielt), außerdem noch den langjährigen Kanzleisekretär Schumacher zu Recht massiv angriff, können wir uns leicht vorstellen, daß die letzten fünf Lebensjahre für Lomonossow (1761–1765) besonders schwer und verletzend waren, so daß er um seine Entlassung einkam, die ihm per Erlaß allerdings nicht sofort aber dann doch als „ewige Entlassung aus dem Dienst" (nicht ohne Ironie) zugleich mit einer Erhöhung des Dienstgrades zugestellt wurde. Wenn dieser Erlaß auch einige Tage später wieder aufgehoben wurde, so mußte er doch einen Mann vom Format und von der Bedeutung Lomonossows tief kränken, und möglicherweise war das sogar beabsichtigt.

Im Juni–Juli 1754 entwickelte Lomonossow in einem Brief an Schuwalow einen Plan für eine Moskauer Universität, der u. a. ein unwiderlegliches Zeugnis für seinen Anteil an der Gründung dieser Universität, die heute seinen Namen trägt, darstellt und der sich durch seine Prägnanz und seine Kürze bei Vollständigkeit alles dessen auszeichnet, was für Wissenschaft, Lehre und Forschung zu beachten ist. Die 1755 gegründete Universität geht daher zweifellos auf seine Initiative zurück. Lassen Sie mich, damit der Kreis meiner Ausführungen sich schließt, noch einmal auf den Schriftwechsel Eulers mit Lomonossow zurückkommen. Anfang Januar 1748 schrieb Euler in einem an den Präsidenten der Petersburger Akademie Rasumowski adressierten Brief u. a.: „Auf künftiges Jahr ist allhier zur Preisfrage die Generatio Nitri vorgelegt worden. Ich zweifle, ob jemand darüber etwas besseres wird aufsetzen können als der H. Lomonossow, welchen zu Unternehmung dieser Arbeit zu persuadieren bitte." Der große Mathematiker und Naturforscher Euler wußte und war davon überzeugt, in welch bedeutendem Maße Lomonossow die wissenschaftlichen Erkenntnisse seiner Zeit vermehrte und erweiterte. „Aus Ihren Schriften habe ich mit großem Vergnügen ersehen, daß Sie sich in der Auslegung der chemischen Vorgänge weit von dem bei den Chemikern üblichen Bräuchen entfernt haben," schrieb Euler am 23. März 1748 an Lomonossow.

Aber der bereits erwähnte Kanzleirat Schumacher war nicht daran interessiert, daß Lomonossow den Preis (50 Dukaten) erhielt. In einem Brief an Euler vom April 1749 ließ er dies unzweideutig erkennen. Lomonossow bearbeitete die Preisfrage als „Dissertatio de generatione et natura nitri," zu deren Abfassung er aber erst Mitte Januar 1749, zwei Monate vor dem Einreichungstermin, kam; auf der Arbeit, deren Original sich im Besitz unseres Archivs befindet, und das hier ausgestellt ist, wurde als Eingangsdatum der 29. März 1749 vermerkt. Am 27. Mai 1749 schrieb Lomonossow an Euler: „Nachdem ich meine Dissertation über den Salpeter nach Berlin geschickt hatte, kam ich ebenfalls nicht dazu, Ihnen zu schreiben, weil mir, als ich mit der Bearbeitung des dritten Kapitels beschäftigt war, meine Frau eine Tochter geboren hat, so daß ich meine Arbeit gerade noch beenden konnte. Da die Zeit, die für die Zuerkennung des Preises festgesetzt war, schon verstrichen und aus den neuen Zeitungsnachrichten nicht zu ersehen ist, wer ihn erhalten, bitte ich Sie, sehr berühmter Herr (vir celeberrime) mich dies wissen zu lassen."

Ob die Arbeit Lomonossows tatsächlich zu spät kam, oder ob andere Gründe maßgebend waren, der Preis wurde von der Berliner Akademie am 3. Juli 1749 Dr. Pietsch zuerkannt. Euler hatte am 6. Mai 1749 noch an besagten Kanzleirat Schumacher geschrieben, „er habe von unseren Herren Chymicis vernommen, daß unter den eingelaufenen Piecen eine sehr schön und gründlich ist", er wisse aber nicht, „wo die herkommt, wünsche aber, daß dieselbe den Herrn Lomonossow zum Verfasser haben möge."

Lassen Sie mich mit 3 Sätzen ebenfalls aus einen Brief Eulers an die Petersburger Akademie vom Dezember 1753 diese Laudatio beenden: "Heutzutage sind aber solche Ingenia sehr rar, indem die meisten nur bey den Experimenten stehenbleiben und darüber nicht einmal raisonniren wollen, andere aber auf solche abgeschmackte Raisonnements verfallen, welche wieder alle Grundsätze einer gesunden Naturlehre laufen. Daher haben des H. Lomonossows Muthmassungen einen um so viel größeren Wert, weil sie glücklich ersonnen und wahrscheinlich sind. Es kommt hier nicht darauf an, daß sie vollkommen bewiesen sein sollen, dann eben die weitere Untersuchung derselben, ob sie mit der Wahrheit bestehen können oder nicht, leitet uns zu dem gewünschten Ziel."

Lomonossow starb, ohne seine wissenschaftliche Tätigkeit zu unterbrechen, nach längerer Krankheit am 15. 4. 1765 im 54. Lebensjahr; betrauert von allen Gelehrten in Rußland und in Europa, die sein wissenschaftliches und künstlerisches Werk verstanden und zu würdigen wußten, begleitet aber wohl auch von einem Aufatmen derjenigen, denen sein temperamentvoller und aufbrausender Geist oft genug unbequem geworden war. Die letzteren sind vergessen, das Werk Lomonossows aber lebt.

Siegfried Nowak

# Forschungsergebnisse aus dem Zentralinstitut für Organische Chemie

Das Zentralinstitut für Organische Chemie (ZIOC) der Akademie der Wissenschaften der DDR, dessen 15jähriges Bestehen wir mit dieser Veranstaltung begehen, wurde am 1. September 1971 gegründet. Das Institut für Organische Chemie, das Institut für Fettchemie, das Institut für organische Katalyseforschung – Rostock und die zeitweilige Arbeitsstelle für Makromolekulare Chemie, die aus dem früheren Institut für Kunststoffe in Berlin hervorgegangen war, wurde zu einem großen geschlossenen Potential auf dem Gebiet der organischen-chemischen Forschung der DDR zusammengeführt. Der aus dem früheren Institut für Verfahrenstechnik der organischen Chemie der AdW in Leipzig hervorgegangene Bereich Kohlenwasserstoffwandlung wurde ebenfalls in das ZIOC integriert.

Was bedingte die Zusammenführung der Institute zum Zentralinstitut? Ende der 60er Jahre wurde die Verflechtung zwischen den ökonomischen Bereichen der Volkswirtschaft zunehmend komplexer.

Die Geburtsstunde unseres Zentralinstituts fällt mit dem VIII. Parteitag der SED zusammen. In seinen Beschlüssen hatte er betont, daß Wissenschaft und Technik entscheidend Wachstum, Struktur und Leistung der Volkswirtschaft beeinflussen. Daraus leitete der Parteitag die Aufgabe ab, die Errungenschaften der wissenschaftlich-technischen Revolution organisch mit den Vorzügen der sozialistischen Wirtschaft zu vereinigen und im größeren Umfange als bisher dem Sozialismus eigene Formen des Zusammenschlusses der Wissenschaft mit der Produktion zu entwickeln.

Die Wissenschaft als entscheidener Faktor des weiteren Wirtschaftswachstums war enger mit der Produktion zu verbinden und die Qualität der Planung, Leitung und Organisation der Wissenschaft selbst zu verbessern. Die Einbeziehung der Akademie der Wissenschaft mit ihrem großen Forschungspotential in den volkswirtschaftlichen Reproduktionsprozeß war daher unerläßlich und unaufschiebbar geworden. Die wissenschaftlichen Potentiale der Akademie galt es, neben der Erarbeitung fundamentaler Erkenntnisse, stärker als bisher auf aktuelle und perspektivische Aufgaben unserer Volkswirtschaft zu orientieren. Die konzentrierte und verstärkte Bearbeitung volkswirtschaftlicher Schwerpunkte machte die Bildung größerer

Forschungseinheiten vor allem durch Zusammenführung kleinerer Forschungsinstitute objektiv notwendig.

Die Bildung des Zentralinstituts war eine jener wichtigen wissenschaftspolitischen Maßnahmen der von Partei und Regierung 1969 eingeleiteten Akademiereform, deren Anliegen es war, die AdW zu einer leistungsfähigen sozialistischen Forschungsakademie zu entwickeln. Obwohl seit der Gründung unseres Zentralinstituts erst 15 Jahre vergangen sind, zeigen die Ergebnisse und die vorliegenden Erfahrungen, daß dieser Schritt richtig war.

Unser Weg war nicht einfach. Er war durch vielfältige Probleme gekennzeichnet:

Die Zusammenführung der Bereiche, deren Entwicklung und Aufgaben sich voneinander wesentlich unterschieden, zu einem einheitlichen Ganzen, die Überwindung von bestimmten Bereichsegoismen, die wechselseitige fachliche Verzahnung der Bereiche, die Herausbildung stabiler Forschungsschwerpunkte sowie die ökonomische und materiell-technische Sicherstellung des Forschungsprozesses für eine solche große Struktureinheit stellten uns alle vor vielfältige und neue Aufgaben.

Keine Erfahrungen gab es auch bei der Leitung so großer Forschungskollektive. Daß diese Aufgaben erfolgreich gelöst werden konnten, verdanken wir dem vorbildlichen Einsatz vieler Genossen und Kollegen, die unter der Führung der SED im ZIOC schon bald zu einer verantwortungsbewußten und konstruktiven Arbeit fanden, die alle gesellschaftlichen Kräfte, insbesondere die Gewerkschaft, den Jugendverband und die DSF vereinigte und ein gemeinsames, abgestimmtes Vorgehen mit der staatlichen Leitung ermöglichte.

Anknüpfend an den vorhandenen wissenschaftlichen Fundus wissenschaftlicher Erkenntnisse und Erfahrungen der einzelnen Forschungskollektive und ausgehend von den Beschlüssen des VIII. Parteitages der SED und der Forderung durch die Akademie der Wissenschaften, den wissenschaftlichen Vorlauf auf strukturbestimmenden Gebieten für unsere Volkswirtschaft zu erarbeiten, hat sich das neu gegründete Zentralinstitut von Anfang an dieser Aufgabe gestellt.

Dieser Zielrichtung entsprach die 1971 von der Leitung des Forschungsbereiches Chemie im engen Zusammenwirken mit der Parteiorganisation des ZIOC und seinen führenden Wissenschaftlern erarbeitete und von meinem Vorgänger Professor Hilgetag vorgestellte Forschungsstrategie. Obwohl sich heute bezüglich der Forschungsschwerpunkte, der Organisation und Leitung des Institutes qualitative und quantitative Veränderungen ergeben haben, hat sich dieses Forschungsprofil und die Arbeitsweise des Instituts als richtig und tragfähig erwiesen.

Das richtige und rechtzeitige Erkennen von Entwicklungen und das rechtzeitige Reagieren auf langfristige volkswirtschaftliche Anforderungen sowie das Streben nach einer hohen Effektivität der Forschung haben uns zu einem leistungsfähigen und anerkannten Partner unserer Industrie, insbesondere der chemischen Industrie und auch in der internationalen sozialistischen Forschungskooperation werden lassen.

Die Herausbildung eines auf diesen Prinzipien beruhenden Profils, langfristigen Vorlauf auf strukturbestimmenden Gebieten unserer Volkswirtschaft und kurzfristig abhebbare Ergebnisse für die unmittelbare Nutzung zu schaffen, hat uns auch weitgehend problemlos in die Lage versetzt, auf die neuen Forderungen, die sich aus der neuen Forschungsverordnung ergaben, zu reagieren. So arbeitet heute das Zentralinstitut mit etwa 50% seiner Kapazität an Staatsaufträgen mit; etwa 60% des Forschungsaufwandes werden durch Einrichtungen der Industrie finanziert.

Es erscheint mir wichtig und notwendig, daran zu erinnern, daß das ZIOC bereits seit seiner Gründung auf guten Traditionen einer effektiven Industriebindung aufbauen konnte, die durch solch hervorragende Wissenschaftlerpersönlichkeiten wie Eberhard Leibnitz, Heinrich Bertsch, Alfred Rieche und Alfred Wende in den Vorläufereinrichtungen gepflegt worden waren.

Ein Institut muß sich in erster Linie an seine Leistungen für die Gesellschaft und an seinen Beiträgen für die Entwicklung der Wissenschaft messen lassen.

Auf einige ausgewählte Leistungen und charakteristische Entwicklungslinien des Zentralinstituts möchte ich in gebotener Kürze eingehen. Kennzeichnend für die Arbeit des ZIOC-Kollektivs ist die konsequente Orientierung des Forschungspotentials auf die Umsetzung der Beschlüsse von Partei und Regierung zur Entwicklung von Wissenschaft und Technik und der Volkswirtschaft der DDR. Dies war und ist eine entscheidende Voraussetzung für die erfolgreiche wissenschaftliche Arbeit unseres Instituts.

Ein Schwerpunkt der Forschungsarbeit lag deshalb seit Gründung des ZIOC auf der Schaffung wissenschaftlicher Grundlagen für eine verstärkte stoffwirtschaftliche Nutzung des importierten Erdöls und seiner Fraktionen. Seit Ende der 70er Jahre gelten unsere Anstrengungen vor allem auch Untersuchungen, einheimische Braunkohle über Synthesegas und Methanol zu sauerstoffhaltigen Zwischen- und Finalprodukten, zu Olefinen und Aromaten zu verwerten. Das führte zur Profilierung vorhandener Potentiale des ZIOC auf diese volkswirtschaftlich bedeutsamen Aufgaben und zur Bildung des Bereiches $C_1$-Chemie in unserem Zentralinstitut sowie zur Schaffung der dafür erforderlichen materiell-technischen Basis.

Entsprechend den strategischen Orientierungen von Partei und Regierung wurden zunehmend wissenschaftliche Grundlagen der organischen Hochveredlungschemie verstärkt bearbeitet und in steigendem Maß Forschungspotential auf biologisch aktive Verbindungen und grenzflächenaktive Stoffe konzentriert.

Ausgehend von den grundlegenden Orientierungen des IX. Parteitages der SED im Jahre 1976 über die Entwicklung der Mikroelektronik haben wir eine nachhaltige Konzentration und Profilierung unserer Kräfte auf neue Synthesen und Grundlagen der Applikation von Spezialpolymeren für die Mikroelektronik im ZIOC vollzogen.

Insgesamt ist es uns gelungen, ein Profil herauszubilden, daß zunehmend besser den volkswirtschaftlichen Schwerpunkten entspricht und langfristigen Erkenntnisvorlauf sichert. Nicht zuletzt haben dazu auch die engen Bindungen des ZIOC zur Industrie beigetragen. Wir haben insbesondere dort bedeutende volkswirtschaftliche gute wissenschaftliche Leistungen erzielt, wo die Arbeiten langfristig angelegt waren und eine anspruchsvolle Grundlagenforschung betrieben wurde. Einen besonderen Forschungsschwerpunkt in den vergangenen 15 Jahren bildeten die primären Veredlungsprozesse von Erdölfraktionen. Herausragende Ergebnisse auf dem Gebiet der heterogenen Katalyse sind die Schaffung der wissenschaftlich-technischen Voraussetzungen für die gemeinsame Entwicklung eines Hochleistungskatalysators für das Niederdruckreformieren von Benzinfraktionen im Rahmen einer überbetrieblichen sozialistischen Arbeitsgemeinschaft mit Leuna und Schwedt. Der entwickelten und inzwischen großtechnisch eingesetzte Katalysator ist im internationalen Vergleich ein Spitzenprodukt. Diese Leistung wurde 1986 mit dem Nationalpreis gewürdigt.

Hinsichtlich der Sicherung der Rohstoffbasis und der Hochveredlung in der chemischen Industrie besaßen und besitzen die Forschungsarbeiten zur Pyrolyse von Hydrospaltparaffinen als Voraussetzung für die Substitution von Rohbenzin für die Olefinerzeugung besondere Bedeutung. Mit diesen Arbeiten und mit den vorgelegten Ergebnissen zur katalytischen Wandlung von hochsiedenden Mineralölfraktionen und Rückständen werden effektive Beiträge zur vertieften stofflichen Nutzung des importierten Erdöls geleistet. Damit werden die wissenschaftlich-technischen Voraussetzungen geschaffen, das defizitäre Rohbenzin für die Olefinerzeugung durch hydrokatalytisch vorbehandelte hochsiedende Erdölfraktionen, die bisher energetisch genutzt wurden, freizusetzen. Mit der Umstellung der Olefinerzeugung 1986 in den Leuna-Werken und 1987/88 im Kombinat Böhlen besitzt die DDR auf dem Gebiet der Olefinerzeugung international eine Spitzenstellung.

Einem Kollektiv aus dem ZIOC wurde für dieses Spitzenergebnis 1986 der Nationalpreis zuerkannt.

Große Anstrengungen unseres Institutskollektivs sind darauf gerichtet, mit herausragenden Leistungen zur Erfüllung des Staatsauftrages Synthesegas- und Methanolchemie beizutragen. Im Vordergrund der Aufgaben zur Sicherung unserer Rohstoffbasis standen und stehen hier die Wandlung von Synthesegas in höhere Alkohole und die Carbonylierung von Methanol zu Essigsäure sowie die wissenschaftlich-technische Fundierung eines neuartigen Reaktionsprinzips der gemeinsamen katalytischen Wandlung von Methanol und Erdölkohlenwasserstoffen in niedere Olefine und aromatische Kohlenwasserstoffe.

Die Beiträge des Institutskollektivs zur Hochveredlung konzentrierten und konzentrieren sich auf die Synthese bioaktiver Verbindungen wie Pflanzenschutzmittel, Human- und Veterinärpharmaka, Futterzusatzstoffe sowie auf Tenside in den Bereichen Rostock und in Berlin.

Daraus resultierten neue Produkte und neue Synthesemethoden bzw. rationellere Synthesewege für eingeführte Produkte. Zugleich konnten grundlegende Erkenntnisse über den Ablauf organischer Reaktionen und über ihre gezielte Beeinflussung gewonnen, sowie neue Erkenntnisse über Struktur–Wirkungs- und Struktur–Eigenschaftsbeziehungen gewonnen werden.

Der erarbeitete wissenschaftliche Vorlauf bildete die Basis für eine Reihe herausragender Forschungsleistungen, die in die Produktion überführt worden sind bzw. deren Verwertung in der Volkswirtschaft z. Z. vorbereitet wird.

Herausragende und überführte Ergebnisse der schon traditionellen phosphororganischen Forschungsarbeiten sind die Entwicklung eines Syntheseweges für den Wirkstoff des Wachstumsregulators „Camposan" und der Beitrag zum Pflanzenschutzmittel Filitox.

Die Leistung des ZIOC auf diesem Gebiet wird daran deutlich, daß insgesamt 3 Mitarbeiter in die zwei mit dem Nationalpreis ausgezeichneten Kollektive einbezogen wurden.

Zu den herausragenden Ergebnissen gehören weiter das Coligon P – ein Reiniger von Gewächshausdächern – und ein rationeller Herstellungsweg für ein Startprodukt des Kreislaufmittels „Pholedrin" mit einer hohen Materialökonomie von 54 Mio M im Einführungsjahr.

Auf dem Gebiet der Human- bzw. Veterinärpharmaka sind die Erschließung und Überführung eines enantioselektiven Syntheseweges zum Wirkstoff L-DOPA und des Syntheseweges zu CARBIDOPA zu nennen. Damit wurden die wissenschaftlich-technischen Voraussetzungen für die Verfahrensentwicklung des Präparates „Isicomb" geschaffen und eine NSW-Importablösung von etwa 1,5 Mio M/a ermöglicht.

Zu den hervorragenden Ergebnissen gehört auch die Totalsynthese des Protaglandinanalogons „Cloprostenol". Zugleich wurden damit die experimentellen Grundlagen für die Synthese weiterer beliebiger Prostaglandinderivate und -metaboliten geschaffen. Cloprostenol dient der Rationalisierung der Tierproduktion und zur Therapie bestimmter Rindererkrankungen.

Ein wichtiges Ergebnis unseres 1979 gegründeten Akademie-Industrie-Komplexes (AIK) Organische Synthese in Bitterfeld ist die Entwicklung der Futterzusatzstoffe Bisergon und Bisergon SP 10 für die industrielle Tierhaltung mit einem hohen Anwendungsnutzen in der Tierhaltung.

Mit der Bildung des AIK Organische Synthese wurde die Verflechtung zwischen gezielter Grundlagenforschung und Produktion durch die territoriale Zusammenfassung wissenschaftlicher Potentiale des ZIOC mit Kapazitäten der Forschung und der anwendungstechnischen Versuchs- und Produktionseinrichtungen des Chemiekombinates Bitterfeld weiter vertieft. Dadurch werden die Fonds des ZIOC und des Chemiekombinates Bitterfeld effektiver genutzt und somit günstige Bedingungen für eine schnelle und umfassende Praxiswirksamkeit der erarbeiteten wissenschaftlich-technischen Ergebnisse geschaffen.

Auf dem Gebiet der grenzflächenaktiven Stoffe konnte das Institutskollektiv eine Vielzahl wissenschaftlicher Erkenntnisse zu Synthese, Analyse und Applikation von Tensiden erarbeiten und in Kooperation mit der Industrie überführen.

Entscheidend für die erzielten Leistungen war, daß das Kollektiv es verstanden hat, die Einheit von organischer Synthese, physikalischer Chemie der Grenzflächenvorgänge und der Applikation von Tensiden in die Tat umzusetzen.

Einen Schwerpunkt der F/E-Arbeiten im Bereich grenzflächenaktive Stoffe stellt die Synthese von Tensiden mit Heteroatomen wie P, N, Si, S und F, sowie von Tensiden auf Basis von Alkylenoxiden sowie neue rationelle Synthesen von Sulfobetainen dar, die bedeutende volkswirtschaftliche Anwendungen eröffnen.

Herausragende wissenschaftliche und praxiswirksame Leistungen konnte unser Institutskollektiv bei der Hochveredlung auf den Gebieten PUR, thermostabile Polymere und Polymere für die Elektrotechnik/Elektronik/Mikroelektronik erreichen. Neben den stofforientierten Syntheseaktivitäten und Arbeiten zur Charakterisierung von ausgewählten Polymeren wurden wichtige Erkenntnisse zu Struktur-Eigenschaftsbeziehungen erarbeitet und Beiträge zur Theorie von Vernetztpolymeren und zur Methodenentwicklung geleistet.

Hervorheben möchte ich insbesondere die Ergebnisse auf dem Gebiet der Polyurethane. Hier gelang es, die große Variabilität des PUR für hochveredelte Spezialpolymere zu erschließen. Dazu trugen Untersuchungen des Ablaufs der Isocyanatreaktion ebenso bei, wie umfangreiche physikalische Untersuchungen an polymeren Werkstoffen.

Beispiele für die hohe Praxiswirksamkeit der PUR-Forschung sind die Entwicklung eines Vergußsystems für Dialysezellen der künstlichen Niere und einer PUR-Reaktivsystem-Variante für die Herstellung von Kunstleder.

Das Stadium einer Versuchsproduktion hat ebenfalls ein PUR-Membran-System für die Ultrafiltration erreicht, das vorrangig für die Lösung von Trennproblemen in wäßrigen Medien eingesetzt wird.

Bedeutsame Beiträge wurden auf dem Gebiet polymerer Werk- und Hilfsstoffe für die Elektrotechnik/Elektronik sowie Mikroelektronik geleistet. Das betrifft sowohl praxiswirksame Lösungen als auch wissenschaftlichen Vorlauf. Nennen möchte ich die Entwicklung von Leiterplatten, insbesondere im Blick auf ihre Flammfestmachung und von thermostabilen Polymeren. Hierfür steht das Polychinoxalin, das im Bereich makromolekulare Verbindungen entwickelt und vorerst im ZIOC noch für die Industrie produziert wird. Dieses thermostabile Produkt ist vielseitig einsetzbar, so z. B. für die Herstellung elektronischer Bauelemente bis hin zur Produktion von Diamantschleifscheiben. Wichtige Beiträge zur Mikroelektronik als Schlüsseltechnologie leistet das Institutskollektiv vor allem mit der Entwicklung von Strahlenkopierlacken für lithographische Techniken der Mikroelektronik. So gelang es, ein Positivresistsystem zu entwickeln, das heute im Fotochemischen Werk Köpenick zur Herstellung mikroelektronischer Schaltkreise bedarfsdeckend produziert wird.

Zu den beachtlichen Leistungen unseres Institutskollektivs in den vergangenen 15 Jahren hat das analytische Potential der Bereiche und der Zentralen Analytik wesentlich beigetragen. Mit der Schaffung der Abteilung Zentrale Analytik am 1. 7. 1977, in der nahezu alle Großgeräte der Berliner Bereiche des ZIOC konzentriert wurden, und mit der engen Verzahnung zum Methodisch-diagnostischen Zentrum beim Zentralinstitut für Physikalische Chemie wurden günstige Voraussetzungen geschaffen, um die nach Umfang und Qualität steigenden Forderungen nach analytischen Leistungen zu erfüllen. Dieser wichtige Schritt in der Entwicklung unseres Zentralinstituts hat sich voll bewährt.

Die Zentrale Analytik führt analytisch-chemische Untersuchungen im Rahmen der Forschungsthemen des gesamten ZIOC durch. Damit ist sie fest in den gesamten Forschungsprozeß integriert und keine nachgeschaltete Dienstleistungseinrichtung. Sie wurde seit ihrer Gründung durch planmäßige Methodenerweiterung den wachsenden Bedürfnissen des ZIOC angepaßt. Die Zentrale Analytik verfügt heute über die wichtigsten Methoden zur Analyse und Strukturaufklärung organischer Verbindungen. Das Kollektiv der Zentralen Analytik hat mit einer Vielzahl von analytischen Leistungen Industrie und staatliche Einrichtungen vor allem in Berlin unterstützt. Aus seinen vielen Beiträgen zur Rationalisierung und der NSW-Importablösung sei hier nur die Entwicklung, die Herstellung und die Versorgung von Forschungseinrichtungen mit Trennphasen für die HPLC genannt.

Kennzeichnend und eine entscheidende Voraussetzung für die Leistungen und die erfolgreiche Entwicklung des ZIOC in den vergangenen 15 Jahren waren und sind unsere engen Kooperationsbeziehungen zur Industrie, insbesondere zur chemischen Industrie. Es gelang uns, die schon bei der Gründung des ZIOC vorhandenen Beziehungen zu festigen, weiter auszubauen und inhaltlich zu qualifizieren.

Eine wirksame Zusammenarbeit erreichten wir bei der Erarbeitung langfristig angelegter prognostisch-analytischer Einschätzungen, der Abstimmung von Entwicklungskonzeptionen der Kombinate, der Planung von Forschungsvorhaben und bei ihrer Durchführung sowie bei der gemeinsamen Überführung und Nutzung von Ergebnissen. Viele Aufgaben wurden in enger arbeitsteiliger Zusammenarbeit gelöst.

Von hohem ökonomischen Nutzen war auch unsere Mitarbeit an Prozeßanalysen in der chemischen Industrie. Erwähnen möchte ich hier nur die erfogreiche Zusammenarbeit mit dem Kombinat Buna zur Niederdruckpolyethylensynthese, zur Hydrazinsynthese im Kombinat Leuna-Werke sowie die effektive Mitarbeit an der Prozeßanalyse des Pyrolysekomplexes im PCK Schwedt.

Unser Institutskollektiv hat insbesondere in den letzten Jahren die Zusammenarbeit mit Berliner Kombinaten und Betrieben verstärkt. Es kooperiert heute mit 8 Einrichtungen auf vertraglicher Basis. Dazu gehören: die Kombinate Plast-Elastverarbeitung, Kosmetik, Rationalisierungsmittelbau und Lacke und Farben, das Fotochemische Werk Köpenick und der VEB Berlin-Chemie. Wir sehen unsere Aufgaben darin, die Leistungsfähigkeit der Berliner Betriebe zu stärken.

Im Mittelpunkt steht die Schaffung wissenschaftlichen Vorlaufs und die Überführung von Ergebnissen in die Industrie. Schwerpunkte in der Zusammenarbeit mit Berliner Betrieben sind polymere Werkstoffe, besonders für das Gebiet Elektrotechnik/Elektronik/Mikroelektronik, Tenside und Pharmaka.

Mit den von uns erarbeiteten und gemeinsam überführten Ergebnissen zu Strahlenkopierlacken für die Mikroelektronik konnte das ZIOC einen guten Beitrag zur Entwicklung dieser Schlüsseltechnologie leisten. Bei der Entwicklung der Kooperation mit der Industrie haben sich solche Formen wie die Mitarbeit in überbetrieblichen sozialistischen Arbeitsgemeinschaften und die Delegierung von Mitarbeitern für kurze und für längere Aufenthalte in der Industrie bewährt. So wurden mehr als 60 Industrieeinsätze mit einer Dauer von einer Woche bis mehreren Monaten von 1981–1985 von unseren Mitarbeitern durchgeführt. Unsere Mitarbeiter wirkten in Überführungskollektiven und Anfahrkollektiven mit und erprobten in kleintechnischen Versuchsanlagen der Industrie die im ZIOC erarbeiteten Ergebnisse. Wertvoll dabei war und ist, daß unsere Mitarbeiter durch diese Aktivitäten die Bedingungen der Industrie besser kennenlernten und sich auf ihre Erfordernisse besser einstellen konnten.

Als sehr effektive Form der Kooperation hat sich der Akademie-Industrie-Komplex bewährt. Er ist für uns die effektivste Form des Zusammenwirkens unseres Instituts mit Einrichtungen der chemischen Industrie.

Kennzeichnend für das ZIOC-Kollektiv ist weiterhin eine intensive und effektive Erfinder- und Schutzrechtstätigkeit. Von 1971 bis 1975 konnten wir 170 Patente und im Zeitraum 1976–1980 199 Patente anmelden. Mit 455 Erfindungsanmeldungen – einschließlich Anmeldungen durch die Industrie – im Zeitraum 1981–1985 gehört das ZIOC zu den Einrichtungen der AdW mit der höchsten Erfinderergiebigkeit. Betrug sie von 1971–1980 durchschnittlich 13 Erfindungen pro 100 Hochschulkader, so erreichte sie 1985 34,7 Erfindungen pro 100 Hochschulkader.

Entscheidend für eine effektive Erfinder- und Schutzrechtstätigkeit ist jedoch nicht nur die Anzahl der angemeldeten Patente, sondern die in der Praxis genutzten. So konnten im Zeitraum von 1971 bis 1980 14 Erfindungen, von 1981 bis 1985 17 und im Jahre 1986 7 Erfindungen in der DDR in Nutzung genommen werden. Dadurch wurde ein volkswirtschaftlicher Nutzen von mehreren Hundert Millionen Mark erreicht.

Bedeutende Ergebnisse haben wir auch beim immateriellen Export erreicht. Lizenzvergaben des ZIOC brachten der AdW der DDR seit 1971 eine Einnahme von rund 2 Mio Valutamark.

Charakteristisch für das ZIOC ist auch eine umfangreiche Publikationstätigkeit. Wichtige Beiträge zur Entwicklung unseres Wissensgebietes bzw. Ergebnisse von volkswirtschaftlicher Bedeutung wurden seit 1971 in rund 1 000 Publikationen, darunter 8 Monografien, niedergelegt.

Bedeutsame Ergebnisse erreichte unser Institutskollektiv bei der Entwicklung der internationalen Forschungskooperation mit wissenschaftlichen Einrichtungen der sozialistischen Bruderländer, insbesondere mit der UdSSR.

Es ist uns gelungen, die Kooperation auf die Schwerpunktthemen der Forschung zu konzentrieren und effektive Kooperationsformen mit Erfolg zu realisieren. Bei einigen Themen konnte ein hoher Grad an Arbeitsteiligkeit und Verbindlichkeit erreicht werden.

Aktiv beteiligen wir uns an der Arbeit der multilateralen Problemkommissionen für Makromolekulare Chemie, für Petrolchemie und für Katalyse und haben mit unserem Engagement wesentlich die Arbeit der Problemkommissionen unterstützt. Besonders möchte ich hier die jahrelange erfolgreiche Tätigkeit unseres Genossen Professor Frommelt als Leiter der Multilateralen Problemkommission Makromolekulare Chemie hervorheben.

Ausdruck der erfolgreichen Kooperation sind gemeinsame Ergebnisse, wie z. B. die Anmeldungen von Patenten, Vorträge und eine große Zahl von Veröffentlichungen, aber auch die Erarbeitung von Forschungskonzeptionen auf ausgewählten Gebieten der Grundlagenforschung.

Bedeutsame Ergebnisse wurden insbesondere auf bilateraler Ebene mit der UdSSR erreicht. Hoch anerkannt wurde die Kooperation auf den Gebieten Pyrolyse und thermostabile Polymere (PCO) mit der Verleihung des Preises der Akademien der Wissenschaften der DDR und der UdSSR. Es ist ein wichtiges Anliegen unseres Institutskollektivs, die Forschungskooperation mit den sozialistischen Ländern weiter zu vertiefen und sie durch eine größere Arbeitsteiligkeit und höhere Verbindlichkeit noch wirksamer zu gestalten.

Der XI. Parteitag der SED hat mit seinen Beschlüssen auch eine neue Etappe der Entwicklung der Wissenschaft in der DDR eingeleitet. Jedem ist heute klar und verständlich, daß die Wissenschaft zum entscheidenden

Faktor für die volkswirtschaftliche Entwicklung unserer Republik geworden ist. Damit stehen auch vor der Akademie neue, bedeutend höhere Anforderungen. Vor allem ist eine noch viel engere Verbindung von Wissenschaft und Industrie herzustellen. Gemäß den Beschlüssen von Partei und Regierung über die noch engere Verbindung von Wissenschaft und Produktion haben wir große Anstrengungen unternommen, den neuen Anforderungen an Wissenschaft und Technik noch besser gerecht zu werden, um das vom XI. Parteitag der SED vorgezeichnete und beschlossene Wirtschaftswachstum mit ganzer Kraft zu unterstützen. So haben wir unser F/E-Potential und die uns zur Verfügung stehenden Fonds noch stärker als bisher auf volkswirtschaftlich bedeutende Schwerpunkte und Schlüsseltechnologien konzentriert und eingesetzt, die entscheidend zur Beschleunigung des wissenschaftlich-technischen Fortschritts und zur Stärkung der Wirtschaftskraft unserer Republik beitragen.

So arbeitet das Zentralinstitut an 9 der 13 in der Direktive des XI. Parteitages der SED formulierten Hauptrichtungen von Naturwissenschaft und Technik mit.

Die Mitarbeit bezieht sich insbesondere auf die beschleunigte Entwicklung und Anwendung der Mikroelektronik, auf neue und verbesserte Verfahren, auf die Veredlung der einheimischen Braunkohle und damit auf die Sicherung der Rohstoffbasis der Volkswirtschaft, auf die Hochveredlung in der Chemie, die selbst Schlüsseltechnologie ist, die Biotechnologie, die Entwicklung von Konsumgütern, die Erhöhung der Hektarerträge und der Tierleistung sowie auf die Erhaltung, Förderung bzw. Wiederherstellung der Gesundheit.

Für die Schaffung des erforderlichen wissenschaftlichen Vorlaufs wird im Rahmen der erkundenden Grundlagenforschung 40% des Potentials unseres Instituts eingesetzt. Mit rund 60% bearbeiten wir Aufgaben der gezielten Grundlagenforschung und der angewandten Forschung.

Die genannten guten Leistungen sind vor allem Ergebnis der schöpferischen und engagierten Mitwirkung der Mitarbeiter unseres Instituts und der politischen und fachlichen Entwicklung des Kollektivs. Das heutige Kollektiv unseres Instituts unterscheidet sich mit seinen 760 Mitarbeitern nicht nur zahlenmäßig von den 535 im Jahre 1971 im ZIOC tätigen Mitarbeitern. Es hat auch große qualitative Fortschritte gemacht. Das ist nicht zuletzt auf die unermüdliche Tätigkeit und das beharrliche Wirken der Grundorganisation der SED zurückzuführen, die ihre Genossen in allen Kollektiven zu Mitstreitern mit Vorbildwirkung erzogen hat. Die gestiegene Kampfkraft der Parteiorganisation ist auch z. B. daran abzulesen, daß sich die Mitgliederstärke allein der Berliner Grundorganisation seit 1971 verdreifachte – bei einem Mitarbeiterzuwachs von etwas mehr als 30%.

Wir können heute feststellen, daß 95% der Mitarbeiter eine abgeschlossene Hoch/Fachschul- oder Berufsausbildung besitzen. Der Anteil von Hoch- und Fachschulkadern erhöhte sich von 32% auf46%. Am Zentralinstitut sind heute

18 Professoren tätig, außerdem verfügen 19 Mitarbeiter über eine B-Promotion und 150 legten die A-Promotion ab.

Diese neue Qualität findet ihren Ausdruck in einer hohen Leistungsbereitschaft: In der Bereitschaft, sich neuen höheren Aufgaben zu stellen und sich für die Überführung von Forschungsergebnissen in die Industrie einzusetzen.

Die gestiegene Leistungsbereitschaft des Kollektivs wird auch in den Initiativen im sozialistischen Wettbewerb deutlich.

Wir sind stolz darauf, daß unser Institutskollektiv zu den Initiatoren des Wettbewerbs an der Akademie gehört. Bereits seit 1978 nehmen alle Kollektive des ZIOC am sozialistischen Wettbewerb teil und kämpfen seit 1979 mit Erfolg um den Ehrentitel „Kollektiv der sozialistischen Arbeit". Aufgrund unserer guten Leistungen wurde uns im Jahre 1984 der verpflichtende Titel „Betrieb der sozialistischen Arbeit" zuerkannt.

Im Rahmen des sozialistischen Wettbewerbs wurde eine große Zahl zusätzlicher Verpflichtungen und Aufgaben übernommen und abgerechnet. So wurden insbesondere zur würdigen Vorbereitung des XI. Parteitages der SED von uns 15 anspruchsvolle Zusatzverpflichtungen übernommen und erfüllt. Dabei haben wir es immer besser verstanden, den Wettbewerb vorrangig auf die Erfüllung und gezielte Überbietung der Staatsplanthemen zu orientieren.

Das ZIOC hat einen großen Anteil und entwickelt große Initiative bei der regelmäßigen Ausrichtung internationaler wissenschaftlicher Veranstaltungen. Erwähnung verdienen hier die jährliche Arbeitskonferenz über Komplexkatalyse, die Tagung über Fortschritte in der Synthesechemie, die von uns organisierten internationalen Tagungen über grenzflächenaktive Stoffe, Symposien über thermisch-katalytische Stoffwandlungen, Tagung auf dem Gebiet der Polymerenchemie und die Kolloquien DDR–Polen zu Organometallverbindungen.

Die qualitativen Entwicklungsfortschritte des ZIOC-Kollektivs werden auch in den Aktivitäten und Ergebnissen unserer jungen Mitarbeiter deutlich.

In enger Zusammenarbeit zwischen der staatlichen Leitung, der FDJ- und Parteileitung wurden den jungen Mitarbeitern hohe anspruchsvolle Aufgaben übertragen. Ausdruck für die gestiegene Leistungsbereitschaft ist z. B. die Übernahme von anspruchsvollen Aufgaben im Rahmen des Staatsplanes durch 3 Jugendforscherkollektive und durch die Bearbeitung einer großen Anzahl von Jugendobjekten. Auch solche Veranstaltungen bzw. Aktivitäten wie die regelmäßige Durchführung von Sommerschulen, des Tages der Jungen Wissenschaftler, der Leistungsschau junger Wissenschaftler sowie der Wettbewerb um den Institutsjugendpreis haben sich bewährt und sind Ausdruck eines hohen fachlichen und gesellschaftspolitischen Engagements unserer jungen Mitarbeiter.

Die Fortschritte, die unser Institut auf fachlichem und organisatorischem Gebiet sowie in der gesellschaftlichen Wirksamkeit erreicht hat, sind in hohem Maße durch die großzügige Förderung von Wissenschaft und Technik durch unseren Staat möglich geworden. So wurden seit 1971 für unser Institut bedeutende Mittel für die Forschung und für die Schaffung und Verbesserung der materiell-technischen Basis bereitgestellt. Das findet auch seinen Ausdruck in der Anschaffung hochwertiger und leistungsfähiger Großgeräte. Durch eine ganze Reihe von Investitionsmaßnahmen wurden im ZIOC die Arbeits- und Lebensbedingungen verbessert. Das betrifft z. B. die durchgängige Rekonstruktion des Institutsteils Rostock, die Rekonstruktion des Technikums in Leipzig und die Schaffung zusätzlicher neuer Arbeitsplätze. Anfang November können wir den Chemieneubau übernehmen. Das Chemiegebäude, das wir in diesen Wochen nach relativ kurzer Bauzeit von 2 1/2 Jahren beziehen, bringt uns neue und gute materiell-technische Bedingungen für die Forschung. Es ist mir ein besonderes Bedürfnis von dieser Stelle aus dem Leiter des FB Chemie, Genossen Professor Keil meinen besonderen Dank auszusprechen. Ich bin mir sicher, daß Sie alle mit mir einer Meinung sind, daß ohne seine Bemühungen, ohne seine konstruktive Beharrlichkeit und seine nie erlahmende Fürsprache diese für die Chemie notwendige Investition in dieser angespannten wirtschaftlichen Situation realisiert werden konnte. Er ist eine jener zahlreichen Maßnahmen unseres Staates, die uns zeigen, daß die Steigerung von Leistung und Produktivität konsequent mit der Verbesserung der Arbeits- und Lebensbedingungen der Werktätigen verbunden wird.

Seit Bestehen des ZIOC haben wir bedeutende Mittel für die Verbesserung der Arbeits- und Lebensbedingungen unserer Mitarbeiter aufgewandt. Dazu gehört auch die Errichtung der Ferienobjekte des ZIOC mit einem Wertumfang von über 2 Millionen Mark. Dadurch wurde ein bedeutender Fortschritt in der Versorgung unserer Mitarbeiter mit Ferienplätze in den institutseigenen Objekten Wustrow, Schnett und Bockau erreicht. Lag das Ferienplatzangebot des ZIOC 1971 bei 263 Plätzen, so sind es heute ca. 1100. Ein besonderer Dank gilt hiefür den Mitarbeitern des Bereichs ÖTV und unserer BGL, die sich auch um die Feriengestaltung der Kinder unserer Mitarbeiter große Verdienste erworben haben.

Diese von mir genannten Fakten zeigen die großen Fortschritte, die unser Zentralinstitut auf den verschiedenen Gebieten seit seiner Gründung erreicht hat. Diese Ergebnisse waren möglich, weil sich die Leitung des Instituts auf erfahrene und leistungsfähige Kollektive stützen konnte und sich alle Mitarbeiter mit den gestellten Aufgaben identifizierten.

Diese positive Bilanz war letztendlich nur möglich durch das wirtschaftliche Wachstum und die gesellschaftspolitische Stabilität unserer Republik. Deshalb möchte ich anläßlich dieser Veranstaltung unserer Partei- und Staatsführung für die großzügige Förderung unserer Forschung und Ihnen für die geleistete Arbeit und die hohe Einsatzbereitschaft danken.

Im Bericht des Politbüros an die 3. Tagung des Zentralkomitees der SED wurde völlig zu Recht festgestellt, „daß wir auf dem Hauptkampffeld der Einheit von Wirtschafts- und Sozialpolitik als dem Kern der ökonomischen Strategie mit dem Blick auf das Jahr 2000 gut vorangekommen sind".

Die heutige Bilanz beweist, daß auch wir unseren Beitrag dazu geleistet haben. Dabei sollten wir uns aber immer bewußt sein, daß von der 3. Tagung des ZK der SED für das Planjahr 1987 und den Perspektivzeitraum auch der organisch-chemischen Forschung an der Akademie neue, höhere Aufgaben gestellt sind. Diese lassen keinen Raum für Selbstzufriedenheit und Routine. Wir alle sind aufgerufen, in Verwirklichung der Beschlüsse des XI. Parteitages und des 3. Plenums des ZK der SED weitere Leistungsreserven aufzudecken und nutzbar zu machen. Ich bin überzeugt, daß alle unsere Mitarbeiter sich diesen neuen Anforderungen stellen und diese in Ehren erfüllen werden.

Dazu wünsche ich uns allen viel Erfolg!

ISBN 3-05-500 386-1
ISSN 0138-3965

FSC
www.fsc.org
MIX
Papier | Fördert
gute Waldnutzung
FSC® C083411

Kolibri 360 GmbH
Ferdinand-Jühlke-Straße 7
99095 Erfurt, Deutschland
produktsicherheit@kolibri360.de